심심해! 심심해!

지구 생물이 초대장을 보내왔어.

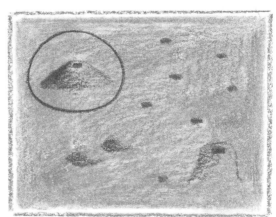

지구에 놀러 올래?
우리 집으로 들어오는 문이야.

갯벌, 우리 집에 놀러 와!

초판 1쇄 발행 2024년 12월 12일 지은이 안미란 그린이 국지승 기획 구본주 펴낸이 권은수 펴낸곳 도서출판 봄볕 만듦 박찬석, 장하린 꾸밈 여희숙 가꿈 성진숙
알림 강신현, 김아람 살림 권은수 함께 만든 곳 피오디 북, 가람페이퍼 등록 2015년 4월 23일 제25100-2015-000031호 주소 서울특별시 서대문구 서소문로 37 1406호
전화 02-6375-1849 팩스 02-6499-1849 전자우편 springsunshine@naver.com 블로그 http://blog.naver.com/springsunshine 인스타그램 @springsunshine0423
스마트스토어 https://smartstore.naver.com/shinybook ISBN 979-11-93150-52-8 74400, 979-11-93150-21-4 74400(set)

갯벌, 우리 집에 놀러 와!

안미란 지음 | 국지승 그림 | 구본주 기획

봄볕

갯벌이 뭘까?

밀물 때는 바닷물로 덮이고, 썰물 때는 육지로 드러나는 곳이야.
육지와 바다 사이에 만들어지는 넓고 평평한 곳이지.
하루에도 육지와 바다가 번갈아 나타나기 때문에
이곳에 사는 생물은 저마다 독특한 생활 방식을 갖고 있어.

이게 뭐지?

이 생명체의 집이지.
갯벌에 있는.

밀물과 썰물 조수의 간만으로 해수면이 상승했다 하강하는 현상. 하루에 두 번씩 일어난다.

펄 갯벌
고운 개흙이 쌓여서 생긴 곳이야.
육지에서 움푹 들어간 곳은 바다의 힘이 약해서 가벼운 것이 쌓여.

모래 갯벌
바다에 넓게 열려 있는 곳에 주로 생겨.
모래 알갱이가 많은 갯벌이야.

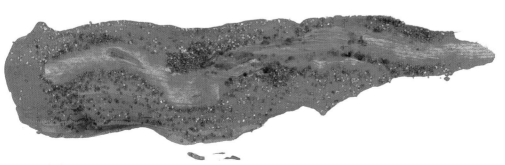

혼성 갯벌
모래와 펄, 어느 한쪽이 너무 많지 않게 골고루 섞인 곳이야.

갯벌은 흔하지 않아

지구에 갯벌이 있는 나라는 그렇게 많지 않아.
그중에서도 한국의 서쪽 갯벌은 넓이에 비해 가장 많은 생물종이 모여 사는 곳이야.

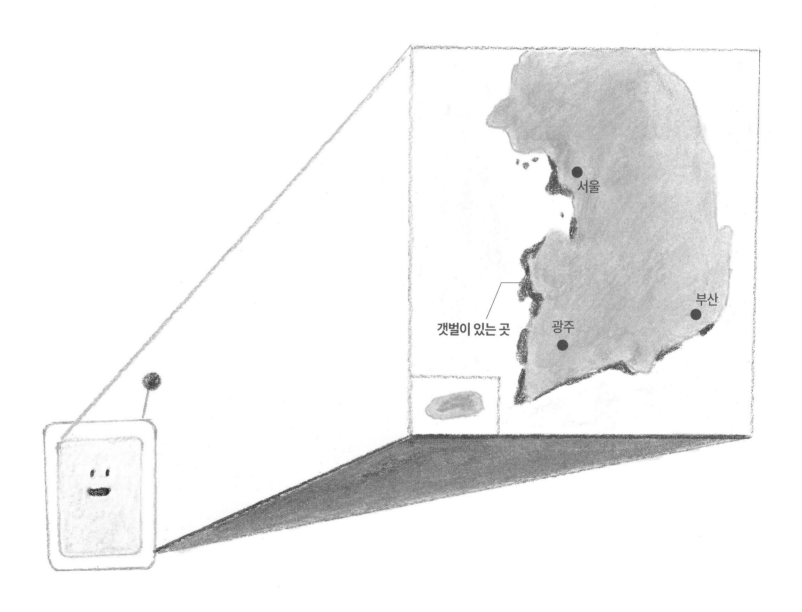

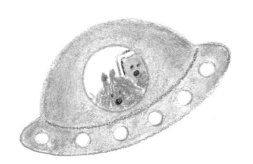

한국 갯벌이 넓은 이유

한국은 그 어느 나라보다 국토에 비해 가장 넓은 갯벌을 가지고 있어.

어째서일까? 갯벌이 발달하기 좋은 조건을 갖추었기 때문이지.

첫째, 밀물과 썰물의 높이 차이가 크고,

둘째, 바다 쪽 땅이 평평해야 해.

서해안은 밀물 때는 바닷물 높이가 높고 썰물 때는 낮아.

그 차이가 최대 10미터나 돼.

서해는 한강, 금강, 영산강 같은 큰 강이 만나는 곳이야.

강물과 함께 많은 양의 육지 흙이 바다로 흘러들지.

게다가 해안선이 꼬불꼬불 복잡해서 바닷물의 힘이 약해져.

그러니 가벼운 것이 쌓여 갯벌을 만들 수 있는 거야.

동해에는 왜 갯벌이 적을까?

한국 동쪽은 조수 간만의 차이가 적어. 밀물 때 바닷물 높이와 썰물 때 바닷물 높이의 치가 크지 않다는 말이야.

그리고 동쪽은 높은 산이 많아서 큰 강이 발달하지 않았어. 강물과 함께 떠내려온 흙이 쌓여야 갯벌이 되는데,

그럴 만한 조건이 안 되는 거지.

갯벌은 보존해야 해!

우아! 한국의 갯벌은 유네스코 세계자연유산으로 지정되어 있대. 서천군, 신안군, 고창군, 보성군, 순천시 등의 갯벌이 세계자연유산이야.
엄청 멋진 곳에 사는 친구한테 초대를 받았다는 거지?

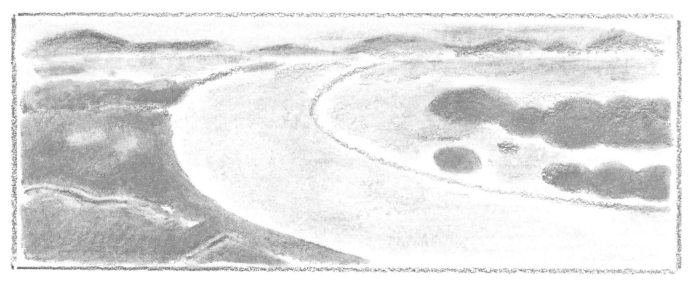

유네스코 세계자연유산이란?
지구에 사는 모든 사람이 함께 가꾸고 지켜서 후손에게 물려주어야 할 가치가 있다고 생각하는 자연환경을 말해.
지구의 역사가 잘 드러나는 곳, 희귀한 동물과 식물이 사는 곳, 풍경이 너무나 아름다운 곳 등을 특별히 정해서 보호하자는 거야.

왜 다른 나라에서도 한국 갯벌을 중요하게 생각할까?
지구에서 가장 대표적인 갯벌은 캐나다 동부 해안, 미국 동부 해안, 북해 연안, 아마존 강 유역 그리고 한국의 서해안에 있어.
그런데 같은 넓이의 갯벌에 얼마나 많은 생물종이 사는지 따져 보면 한국 서해안이 일등이야.
생물종의 다양성이 매우 높은 곳이라는 말이지.

왜 지구에게 갯벌이 소중할까?
갯벌은 오고 가는 철새들의 쉼터이자 물고기가 알을 낳는 곳이고 조개, 낙지, 게 등 많은 생명체의 집이기도 해. 갯벌은 해일이나
태풍의 피해를 줄여 주기도 하고, 육지에서 흘러온 더러운 물질을 깨끗하게 걸러 바다로 내보내는 필터 역할을 하기 때문이야.

갯벌엔 누가 살까?

갯벌에 누가
누가 모여 사나
알려 줄게.

바다 물속에서 사는 방법

부유생물은 떠다니고

물속에 사는 생물은 저마다 사는 모습이 달라.
헤엄치거나 떠다니거나 바닥에 붙어 산대.
물고기는 헤엄치고, 해파리는 떠다녀.
그렇다면 저서생물은?
바닥에 살지!
조개, 게, 불가사리, 고둥이나 갯지렁이는
바다 바닥에 살아서 '저서생물'이라고 불러.

그런데 이 중에
누가 나를
초대한 걸까?

서식굴
저서생물의 집을 말해.
그러니까 갯벌의 바닥에 사는 동물이
파 놓은 굴로 된 집을 가리키지.

유영생물은 헤엄치고

초대장에 그려진 집은
저서생물의 굴로
들어가는 입구야.

저서생물은 바닥에 살아.

조개

고둥

갯지렁이

불가사리

갯벌 생물들은 어디에 모여 살까?

같은 종류의 생물이 사는 곳을 표시해 보면 마치 세로로 줄지은 띠 같은 모양이 돼.
높은 곳은 육지와 가깝고 낮은 곳은 바다 바닥에 더 가까운데,
그곳의 환경 차이 때문에 높이에 따라 살아가는 생물이 다 달라.

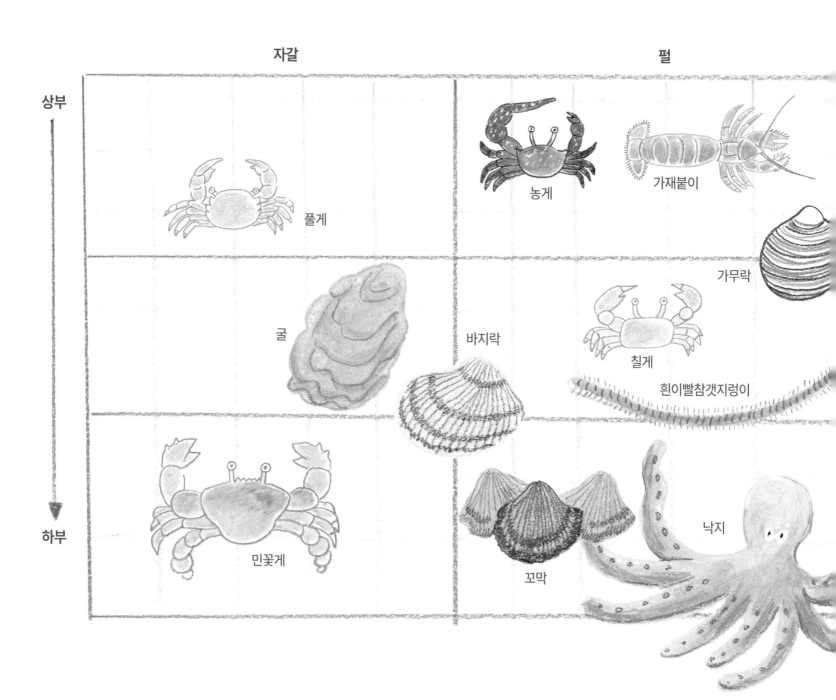

홍합이 바닷가 바위에 가로지른 띠처럼 붙어 사는 까닭은?

바위 위에 넓은 곳도 많은데 굳이 물 가까이에 다닥다닥 붙어 사는 이유가 뭘까?
바위에 붙어 사는 홍합은 바닷물이 빠지면 다시 바닷물이 차올라 몸이 젖을 때까지
잘 버텨야 해. 그렇다고 바닷물 속에 살 수도 없어. 왜냐하면 불가사리가 물속에 잠긴
홍합을 잡아먹기 때문이지. 몸이 마르지도 않고 불가사리를 피할 수 있는 곳에
몰려 살다 보니 바위에 홍합 띠가 생기는 거야.

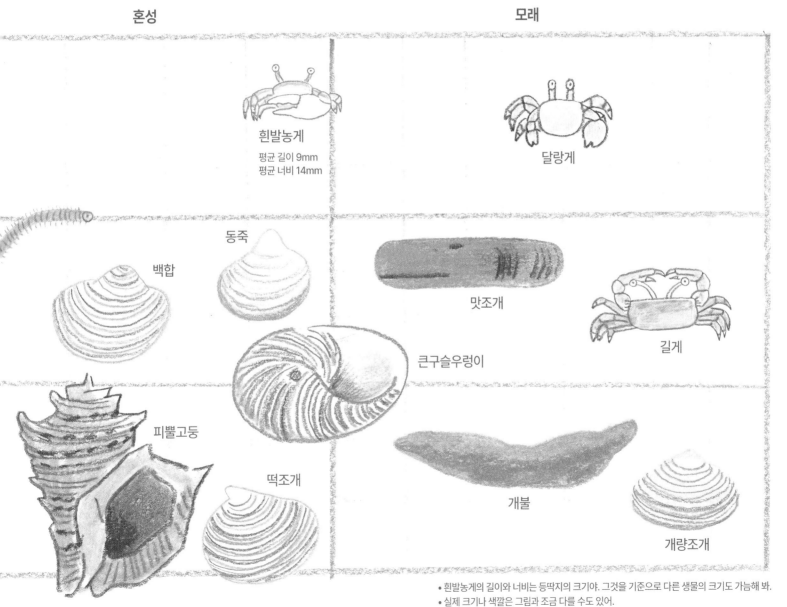

혼성

모래

흰발농게
평균 길이 9mm
평균 너비 14mm

달랑게

동죽

백합

맛조개

길게

큰구슬우렁이

피뿔고둥

떡조개

개불

개량조개

• 흰발농게의 길이와 너비는 등딱지의 크기야. 그것을 기준으로 다른 생물의 크기도 가늠해 봐.
• 실제 크기나 색깔은 그림과 조금 다를 수도 있어.

갯벌의 특이한 게들

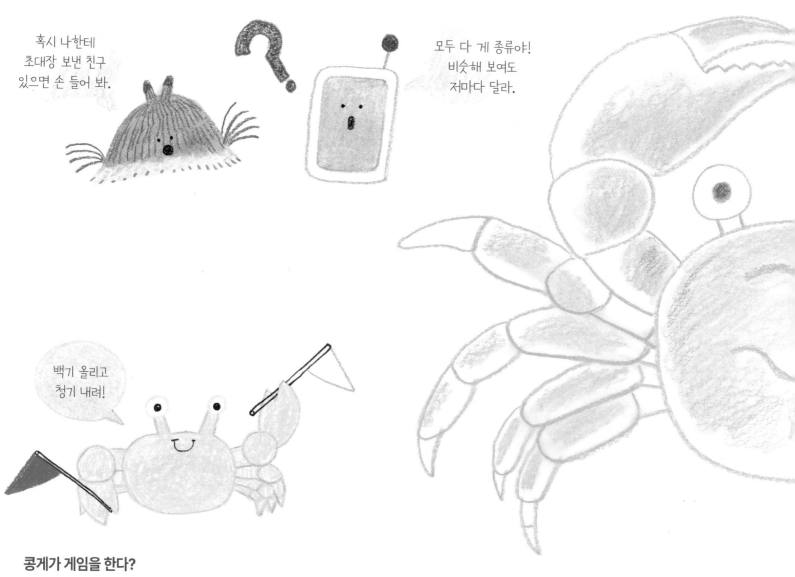

혹시 나한테 초대장 보낸 친구 있으면 손 들어 봐.

모두 다 게 종류야! 비슷해 보여도 저마다 달라.

백기 올리고 청기 내려!

콩게가 게임을 한다?
콩게는 적을 위협하거나 짝을 찾을 때 양 집게발을 번갈아서 들었다 내렸다 해.
꼭 '왼손 올려, 오른손 올려' 하는 것처럼 보이지?

갈게가 그네를 탄다?

보름달이 뜨면 갈게는 갈대나 칠면초 잎에
올라 열매나 잎을 갉아 먹어. 바람이 불면
마치 그네를 타거나 춤을 추는 것처럼 보이지.

칠게가 일광욕을 한다?

등딱지의 펄이 하얗게 마르도록,
칠게들이 꼼짝 않고 있는 걸 본 적 있니?
햇볕에 몸을 말려 기생충을 없애는 중이야.

갯벌에 사는 보호 생물

한국의 해양 보호 생물은 모두 88종이야. 한국에만 있는 고유종이거나 국제적으로 보호 가치가 높은 생물을 지정하지.
새도 있고, 해조류도 있고, 물고기도 있는데 그중에는 저서생물도 있어.
해양 보호 생물 중에 갯벌에 사는 저서생물 수가 가장 많아. 갯게, 남방방게, 눈콩게, 발콩게, 달랑게, 대추귀고둥, 기수갈고둥,
두이빨사각게, 붉은발말똥게, 흰발농게, 흰이빨참갯지렁이! 그만큼 갯벌은 보존해야 할 가치가 높은 곳이야.

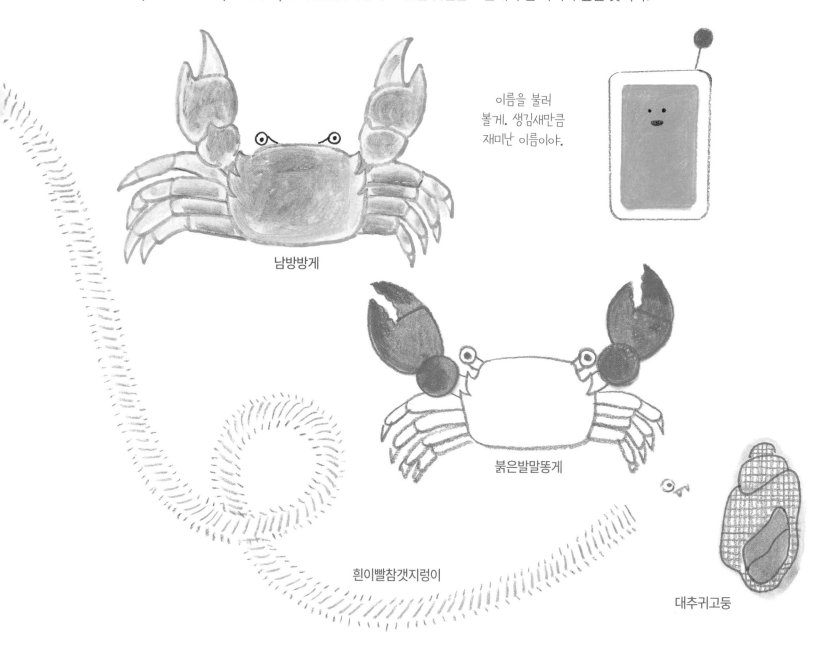

이름을 불러
볼게. 생김새만큼
재미난 이름이야.

남방방게

붉은발말똥게

흰이빨참갯지렁이

대추귀고둥

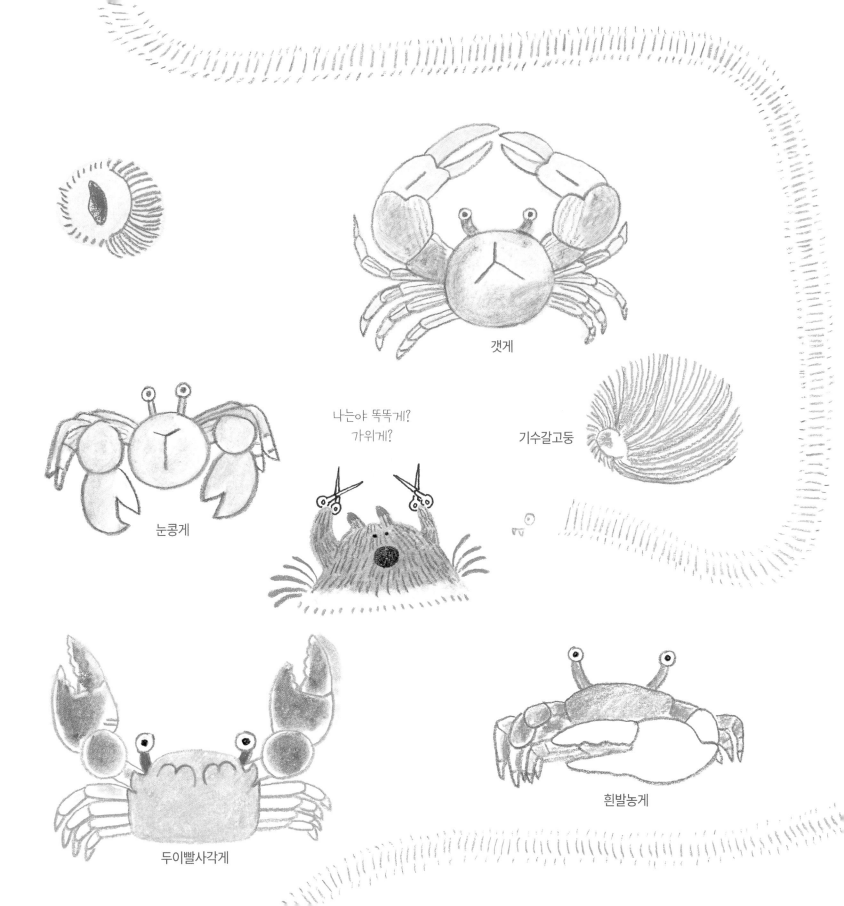

갯게

눈콩게

나는야 똑똑게?
가위게?

기수갈고둥

두이빨사각게

흰발농게

갯벌에서 만나는 새

한국 갯벌은 철새들의 쉼터야. 갯벌에 최상위 포식자인 새가 보인다는 것은 그만큼 다양한 생물이 그곳에 산다는 증거지.

청둥오리 수컷

청둥오리 암컷

백로

갯벌에는 새들의 먹이가 정말 많구나!

노랑부리저어새

저어서 먹으니까 저어새! 숟가락처럼 생긴 부리로 물을 휘휘 저어 먹이를 잡아.

발목에 고리를 끼고 있다면 과학자들이 관찰 중인 새야.

새를 연구하기 위해 발목에 고리를 끼우고 다시 날려 보내지. 요즘은 위치 추적 장치를 몸에 달아.

도요새

새들은 갯벌에 차려진 먹이 메뉴만큼 다양한 부리 모양을 가졌어.

갯벌의 뽑기 왕은? 알락꼬리마도요! 핀셋처럼 긴 부리로 서식굴 깊이 숨어 있는 먹이를 쏙쏙 잘도 뽑아 먹거든.

좀도요는 짧은 부리로 콕콕 집어서 게와 조개를 먹어. 흑꼬리도요는 날 때 다리가 꽁지 바깥으로 삐져나올 만큼 다리가 길대.

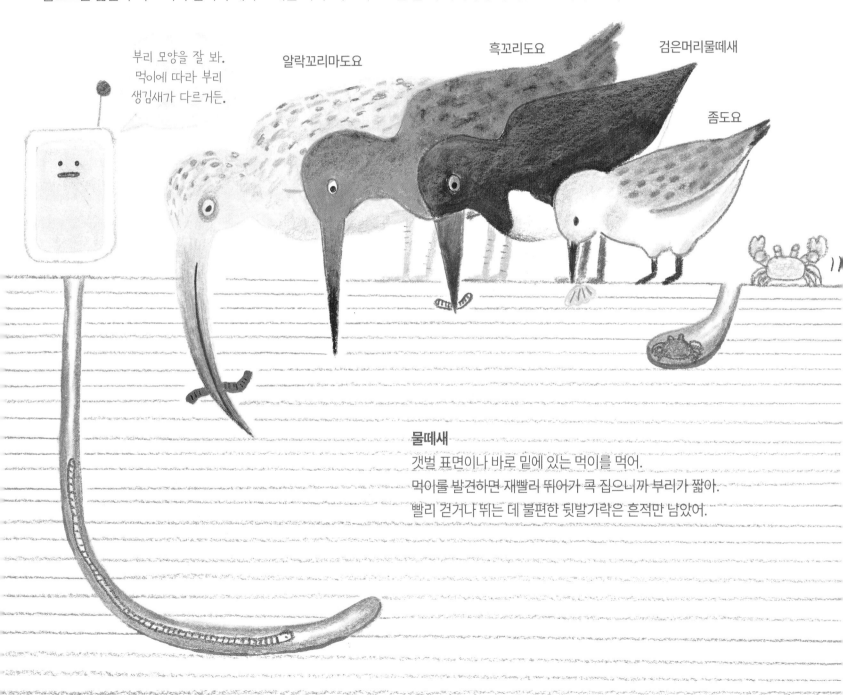

부리 모양을 잘 봐.
먹이에 따라 부리
생김새가 다르거든.

알락꼬리마도요

흑꼬리도요

검은머리물떼새

좀도요

물떼새

갯벌 표면이나 바로 밑에 있는 먹이를 먹어.

먹이를 발견하면 재빨리 뛰어가 콕 집으니까 부리가 짧아.

빨리 걷거나 뛰는 데 불편한 뒷발가락은 흔적만 남았어.

갯벌에 사는 식물

갯벌에 사는 식물을 염생 식물이라고 해.
갯벌이나 바닷가 모래땅에서 짠 바닷물을 먹으며 자라는 식물이야.
다른 식물보다 소금기를 견디긴 하지만 소금이 해롭긴 마찬가지야.
소금기를 줄이는 염생 식물만의 몇 가지 방법이 있어.

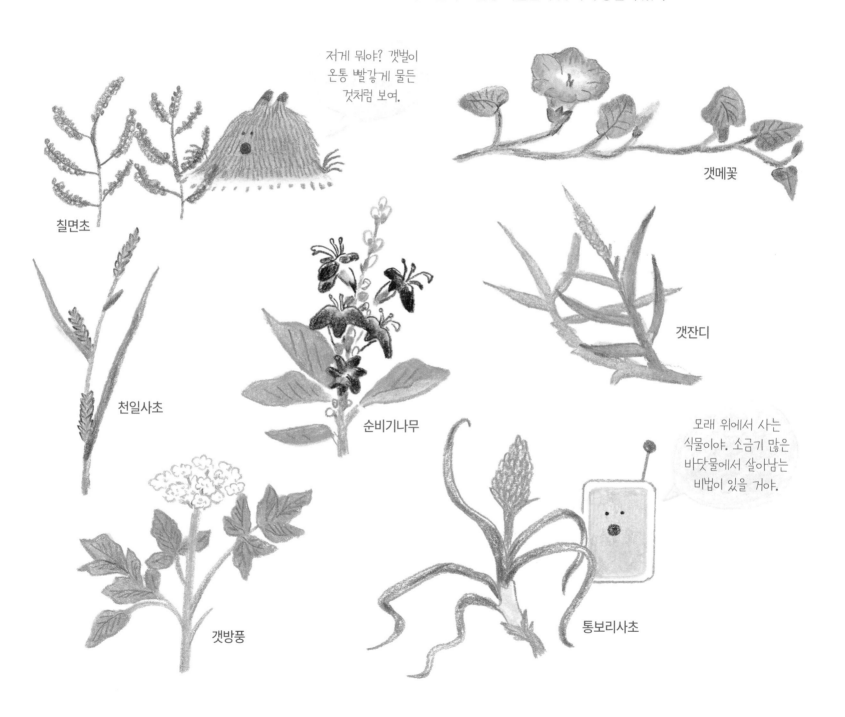

저게 뭐야? 갯벌이
온통 빨갛게 물든
것처럼 보여.

칠면초

갯메꽃

천일사초

순비기나무

갯잔디

갯방풍

모래 위에서 사는
식물이야. 소금기 많은
바닷물에서 살아남는
비법이 있을 거야.

통보리사초

소금기 줄이는 방법

갈대

뿌리에 소금이 많지만 잎으로 소금이 이동하는 것은 막아.
나중에 늙어 버린 뿌리가 잘려 나가도
나머지 부분은 살아남지.

갯는쟁이

두 가지 방법을 써. 첫째로 소금기를 바깥으로 내보내서 하얗게
말리는 거야. 줄기나 잎 밖에 모인 소금기는 빗물에 씻겨 내려가.
또 염선이라는 하얀 가로줄이 있는데, 이곳에 소금기만 따로 모아.
나중에 염선은 말라서 저절로 떨어져 나가거든.

퉁퉁마디

통통한 줄기에 액포라는 물주머니가 있어.
이곳에 많은 물기와 함께 소금기를 저장하지.

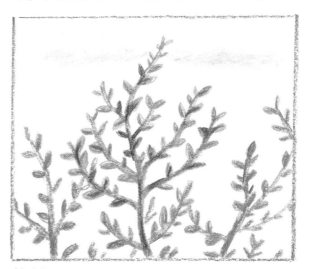

칠면초

퉁퉁마디랑 같은 방법을 써.
칠면초를 끊어서 살짝 씹어 보면 짭짤한 맛이 나.

갯벌의 밀물과 썰물

물때는 달과 해가 만드는 시간이야.
달과 해는 지구를 끌어당기는 힘이 있어.
지구의 바닷물이 달 쪽으로 끌어당겨지면 밀물이 생기지.

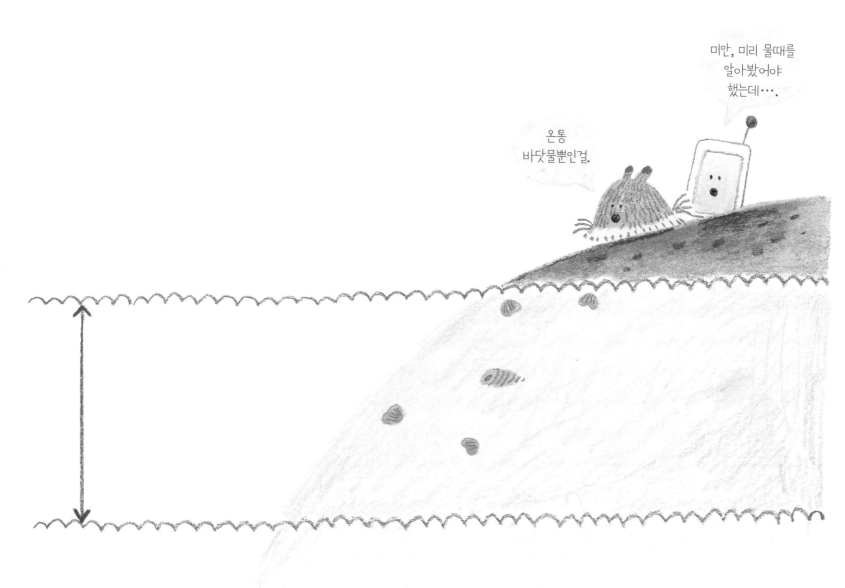

조금과 사리

갯벌의 물 높이를 가만히 살펴보면 물 높이가 매일 달라지는 것을 확인할 수 있어.

갯벌에 바닷물이 빠지고 들어오는 것은 지구, 달, 태양 사이에서 서로 당기는 힘인 인력 때문이야.

달이 지구에 가까워지면 지구를 당기는 힘이 커지는데, 이때 지구의 물도 달의 힘에 끌려가.

이 힘에 의해 바닷물이 들어왔다 빠졌다를 날마다 반복하는 거야.

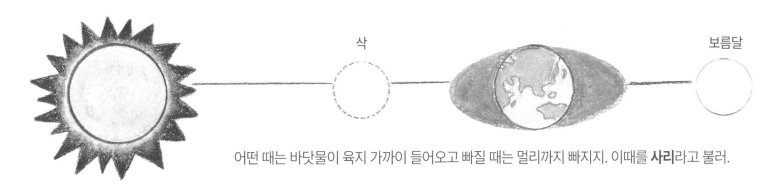

어떤 때는 바닷물이 육지 가까이 들어오고 빠질 때는 멀리까지 빠지지. 이때를 **사리**라고 불러.

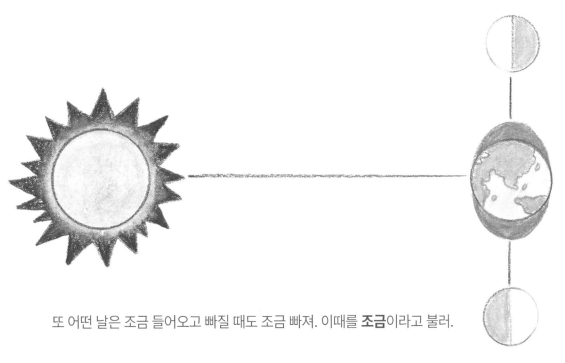

보름달과 삭이 뜰 때는
태양, 지구, 달이 일직선에
위치해서 사리가 되고,
반달이 뜰 때는 태양과 지구, 달이
직각에 위치하여 조금이 되는 거지.

또 어떤 날은 조금 들어오고 빠질 때도 조금 빠져. 이때를 **조금**이라고 불러.

갯벌의 모습은 변해

하루 동안 같은 자리에서 갯벌을 바라본다면? 갯벌이 넓어졌다 좁아졌다 서서히 변하는 게 보일 거야.
하루에 두 번씩 밀물과 썰물이 번갈아 오기 때문이지. 한국의 갯벌은 옛날부터 어민들의 생활 터전이었어.
독살과 개막이처럼 밀물과 썰물을 이용한 장비로 물고기를 잡곤 해.

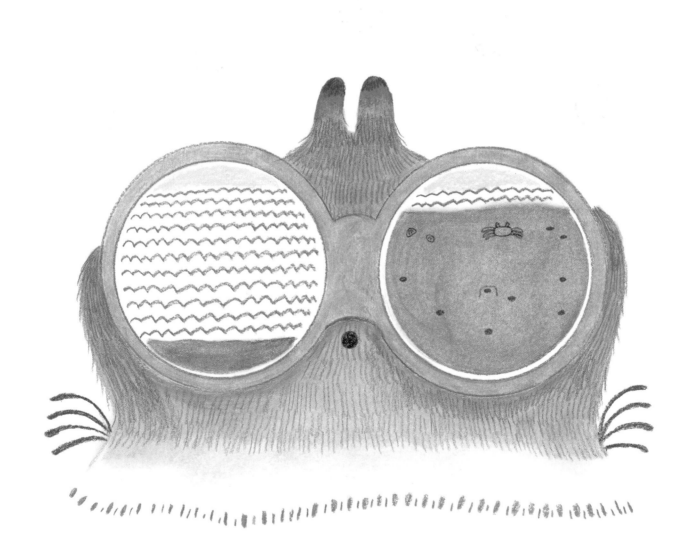

독살

밀물과 썰물을 이용해서 물고기를 잡기 위해 바다 쪽으로 쌓은 말굽(U자) 모양의 돌담을 독살이라고 해.

밀물과 함께 바닷가로 밀려온 물고기 가운데 일부가 썰물 때 독살에 갇혀서 못 빠져나가거든.

그럼 물고기를 손쉽게 잡을 수 있지. 어민들은 '독에 든 쥐'라고 부른대.

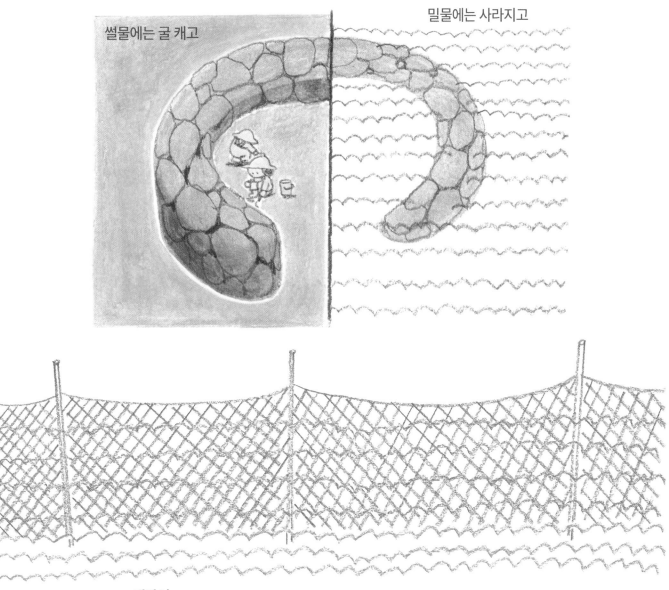

썰물에는 굴 캐고

밀물에는 사라지고

개막이

그물을 쳐서 가만히 두면 저절로 물고기가 걸려들어.

밀물 따라 들어온 물고기들이 썰물 때 다 못 빠져나가고 그물에 걸리는 걸 이용해 물고기를 잡는 거야.

갯벌에서 어민들이 쓰는 도구

제주도 호미　　**오이도 호미**　　**완도 호미**

지역에 따라 호미 모양도 조금씩 달라.
제주도는 현무암이 많아서 호미 날이 가늘고 뾰족해.

갈퀴

바지락, 동죽, 백합 같은
조개를 캐는 도구

벌판처럼 넓은
땅이 드러났어!

써개

맛조개가 사는 구멍에 넣어서 맛조개를 끄집어내는 도구

그레

백합을 캐는 도구

가레
낙지를 잡기 위해 깊은 구멍을 파는 도구

저기 두 발 달린 생물, 그러니까 인간이 왜 저리 바삐 움직이는지 알려 줄게.

갯벌 어업에 필요한 도구
사람들은 오래전부터 갯벌에서 나는 생물에게서 먹을 것을 얻어 왔어.
또 갯벌 동식물로 소금이나 약품, 화장품을 만들기도 해. 갯벌에서 일하려면
쓰기 편한 여러 가지 도구가 있어야 해. 갈퀴, 써개, 붓대, 빗창,
쇠스랑, 삽, 가래, 작살, 개막이, 죽방렴, 통발, 뻘배(널배)
등 종류가 아주 많아.

조새
굴을 캐는 도구

뻘배

낙지 괭이

붓대
쏙이 붓대 끝을 먹이로
착각하고 물면
들어 올려 잡는 도구

갯벌을 연구하는 사람들

갯벌을 관찰하고 연구하는 일은 쉽지가 않아. 하루 두 번 밀물과 썰물이 생기기 때문에 실제로 갯벌에 나갈 수 있는 시간이 얼마 없어.
펄이라 무거운 과학 장비를 자동차로 옮길 수도 없어. 발이 푹푹 빠져 걷기 어려워도 서둘러야 해.
관찰을 시작하고 얼마 안 있으면 밀물이 들이닥치기 때문에 매우 위험하거든.

최근에는 드론과 인공 지능을 이용해서 갯벌을 조사하기도 해.
갯벌의 모양이 어떻게 변하는지 하늘에서 내려다보며 사진을 찍으면 그 변화를 관찰할 수 있거든.
엄청나게 많은 사진과 영상 자료는 인공 지능을 이용하면 더 빨리 정리할 수 있어.

당연하지!
과학자들은 갯벌의
신비한 비밀을 알고
싶어 해.

과학자들은 어떤 생물이 어디에 얼마나 사는지, 그리고 갯벌 생물이 수질을
정화하는 역할을 한다는 사실 등을 알아내지. 이런 연구 결과 덕에 갯벌을 어떻게
되살리고 잘 지킬 수 있을지 계획을 세우고 실천할 수 있는 거야.

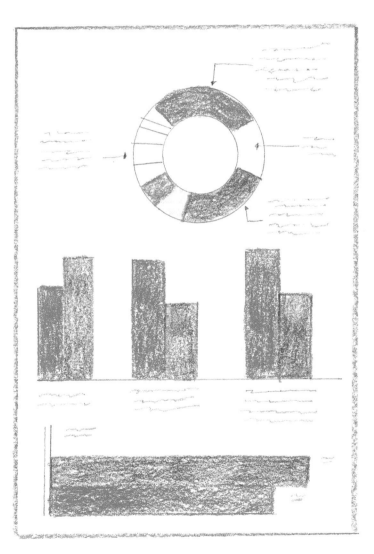

갯벌 위의 온갖 흔적

바닷물이 빠져나간 갯벌에 들어가면 수많은 흔적을 볼 수 있어. 생물이 걷거나 기어다닌 흔적, 종류가 다른 여러 저서생물이
굴을 파거나 배설물을 뱉어 놓은 것을 볼 수 있지. 저서생물이 뱉어 낸 흙구슬 모양도 저마다 달라.
포도송이, 구슬, 탑 등 다양한 모양을 자랑하지. 이 흙구슬을 만든 주인공들은 누가 다가가면 발걸음 소리에 놀라 순식간에 숨어 버려.
그래도 과학자들은 어떤 갯벌에 어떤 생물 종류가 얼마나 사는지 알아내지.
어떻게 아냐고? 생물마다 다른 흔적을 남기기 때문이야. 지나간 자국만 봐도 칠게인지 길게인지 알 수 있대.

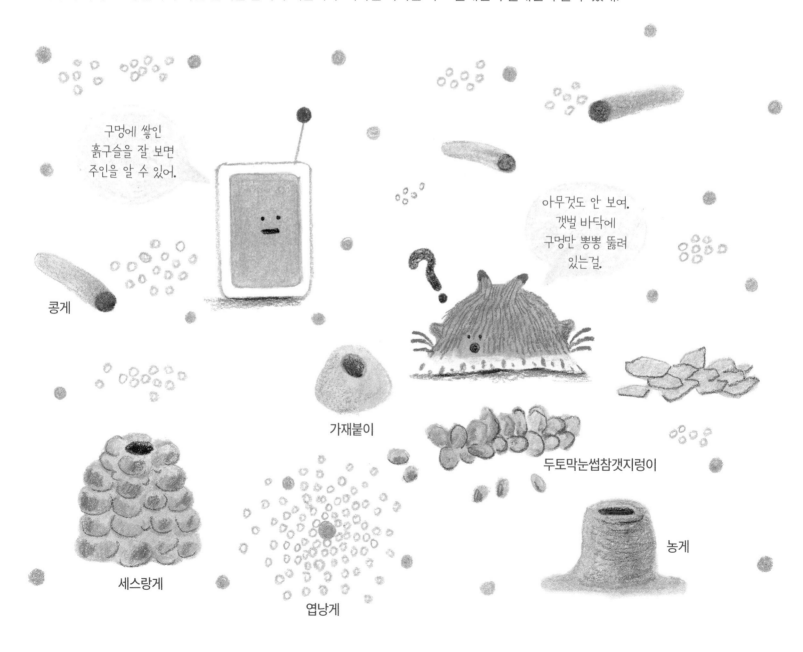

구멍에 쌓인
흙구슬을 잘 보면
주인을 알 수 있어.

아무것도 안 보여.
갯벌 바닥에
구멍만 뿅뿅 뚫려
있는걸.

콩게

가재붙이

두토막눈썹참갯지렁이

세스랑게

엽낭게

농게

저서생물의 식사법

물에서 떨어져 내리는 먹이를 먹기!

모래 갯벌에 많이 사는 백합과 같은 조개는 바닷물을 빨아들이고 아가미로 영양분을 걸러 내. 아가미가 먹이를 걸러 내는 그물망 역할을 하는 거지.

흙에 섞인 작은 먹이를 먹기!

칠게나 방게와 같은 게류는 펄을 그대로 먹는 것처럼 보이지만, 실은 유기물만 골라 먹고 남은 흙은 구슬처럼 만들어서 뱉어 내. 이 생물들은 주로 모래보다 알갱이가 고운 펄 갯벌에 많이 살아.

어린이가 갯벌을 집어 먹으면 영양분 섭취가 될까?

몸에 아가미가 있는지부터 살펴봐. 필터 역할을 하는 아가미가 있거나 먹고 남은 뻘을 흙구슬로 뱉어 낼 신체 기관이 있다면 괜찮아. 그게 아니라면? 갯벌은 집어 먹지 마.

저서생물의 집, 서식굴

어서 와! 내가
너를 초대했어.

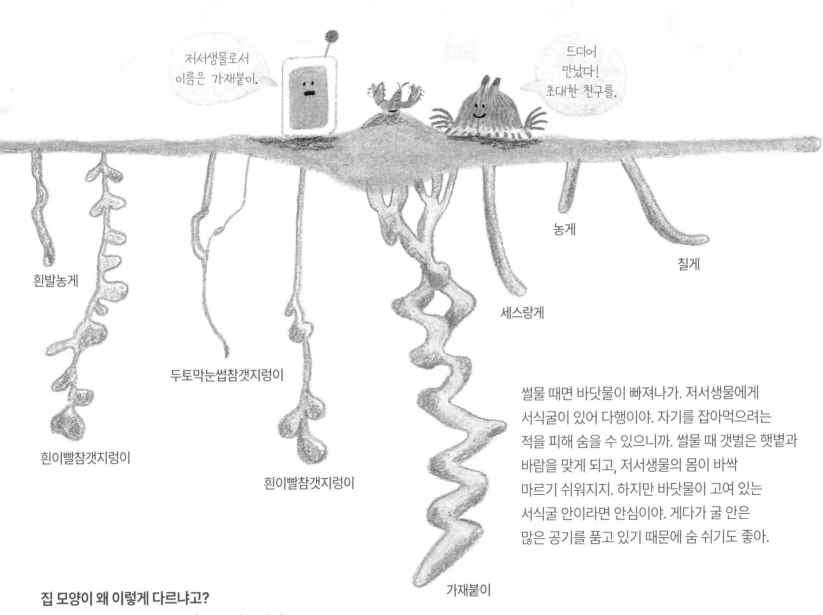

흰발농게

흰이빨참갯지렁이

두토막눈썹참갯지렁이

흰이빨참갯지렁이

가재붙이

세스랑게

농게

칠게

썰물 때면 바닷물이 빠져나가. 저서생물에게
서식굴이 있어 다행이야. 자기를 잡아먹으려는
적을 피해 숨을 수 있으니까. 썰물 때 갯벌은 햇볕과
바람을 맞게 되고, 저서생물의 몸이 바싹
마르기 쉬워지지. 하지만 바닷물이 고여 있는
서식굴 안이라면 안심이야. 게다가 굴 안은
많은 공기를 품고 있기 때문에 숨 쉬기도 좋아.

집 모양이 왜 이렇게 다르냐고?
어떻게 먹이를 먹느냐에 따라 집 모양도 달라.
조개류는 물에 있는 먹이를 걸러 먹기 때문에 크고 복잡한 굴이 필요 없어.
몸을 흙 속에 묻고 물을 빨아들일 입만 흙 밖으로 뻗을 수 있으면 돼.
가재붙이는 부드러운 흙 속의 양분을 먹기 때문에 굴 안이 자꾸 넓어져.
집 벽을 뜯어먹으면서 점점 넓히는 편이야.

멋지고 기묘한 서식굴

갯벌 생물의 집은 얼마나 클까?
가재붙이의 서식굴에 물을 붓는다면 1리터짜리 물병이 최대 16개나
필요해. 입구는 작지만 굴 속은 어마어마하게 크거든.
그에 비해 흰발농게의 서식굴은 그렇게 많은 물병이 필요하지 않아.
서식굴 모양이 단순해서 안이 넓지 않기 때문이야.

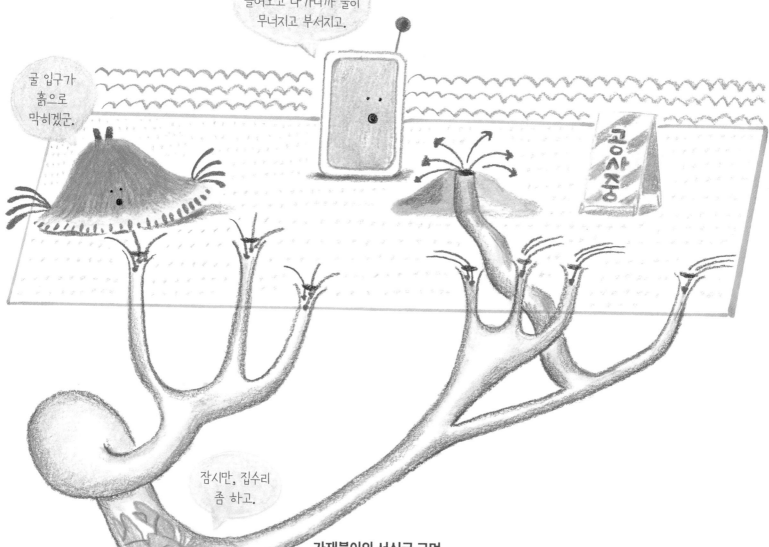

하루 두 번 바닷물이
들어오고 나가니까 굴이
무너지고 부서지고.

굴 입구가
흙으로
막히겠군.

잠시만, 집수리
좀 하고.

가재붙이의 서식굴 구멍

물이 들어가는 구멍은 깔때기 모양이고, 물이 나오는 구멍은 종 모양의 둔덕이야.
바닷물이 빠져나오는 구멍 주위는 안에 있던 흙이 함께 빠져나와 쌓여서 둔덕이 되지.
반대로 바닷물이 흘러드는 구멍은 물이 안으로 쏠려서 깔때기 모양이 돼.

저서생물별 나만의 건축법

게, 새우
집게발로 먼저 흙을 파낸다 → 양 집게발을 서로 맞대어
불도저가 흙을 밀듯이 굴 밖으로 흙을 파낸다 →
밀물이 들어오면 서식굴에 물이 찬다 → 배다리를
빠르게 움직여 물살을 일으켜 흙을 내보낸다.

갯지렁이
흙을 입으로 먹는다 → 뱉는다 → 먹는다 → 뱉는다 → 먹는다….
꿈틀꿈틀 온몸으로 움직이며 먹고 뱉기를 거듭하면 굴이 점점 커진다.

조개
딱딱한 껍데기 밖으로 발을 내민다 →
흙 속에 파고든다 → 조개껍데기를 닫고
발을 움츠리면서 흙 속으로 파고든다.

갯벌 체험은 조심히

지구에는 갯벌이 아예 없는 나라가 대부분이야. 있더라도 사람들이 편하게 드나들기 어려워. 어떤 곳은 아예 출입 금지!
이렇게 소중하고 귀한 갯벌 체험을 앞으로도 누리고 싶다면? 정해진 곳에서 안전하게, 갯벌 보호 규칙을 잘 지키면서 체험해야 해.

우리 동네엔 친구들이
아주 많아. 신나게
놀자!

심심할 틈이
없겠는걸.

갯벌 친구를 만나러
갈 때 필요한 걸
알려 줄게.

갯벌 패션
(햇빛을 가려 줄) 모자, 선글라스, 얇은 긴소매 옷,
(굴껍데기에 발이 찔리기 싫으면) 장화,
(물에 젖어도 괜찮은) 신발,
장갑, 카메라, 뜰채 등이 있으면 좋아.
생물 도감 같은 책을 갯벌에 가져가면
젖거나 더러워질 거야.
미리 보거나 나중에 다녀와서 보자.

이제 갯벌과 좀 친해졌니?

나도 이제 갯벌 박사!

놀랍도록 신기하고 괴상한 이것들은 대체 무엇일까?

이 책을 아직 안 읽었다면 이것들을 보고 나뭇가지나 배설물이라고 생각할 수도 있을 거야. 그런데 나뭇가지라고 하기에는 아무리 봐도 모양이 색다르지? 배설물이라고 하기에는 너무 길거나 크고 복잡하게 생긴 것도 있어. 이것들은 저서생물이 갯벌을 파고 들어가 만든 집, 즉 서식굴이야.

서식굴의 좋은 점을 알려 줄게

적의 눈을 피해 숨어서 쉴 수 있어. 저서생물을 먹잇감으로 삼는 생물은 아주 많아. 밀물로 바닷물이 들어올 때면 커다란 물고기가, 썰물로 바닷물이 빠질 때면 하늘 위의 새들이 먹잇감을 노리지. 이럴 때 집 안으로 피하는 게 좋아. 또 서식굴은 저서생물의 몸이 마르는 걸 막아 줘. 바닷물이 빠지더라도 서식굴 안에 많은 물이 남아 있거든. 공기가 적당히 남아서 숨 쉬기도 좋아. 게다가 가재붙이에게는 서식굴 자체가 좋은 먹이기도 해. 부드러운 갯벌 속에 있는 영양분을 섭취하면서 집을 점점 넓혀 나간단다.

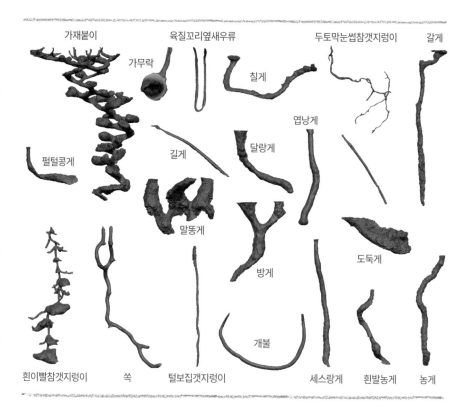

가재붙이　　가무락　　육질꼬리옆새우류　　칠게　　두토막눈썹참갯지렁이　　갈게

엽낭게　　달랑게　　길게　　펄털콩게　　말뚝게　　방게　　도둑게

흰이빨참갯지렁이　　쏙　　털보집갯지렁이　　개불　　세스랑게　　흰발농게　　농게

가재붙이의 정체를 왜 여태껏 몰랐을까?

가재붙이는 바깥세상으로 좀처럼 모습을 드러내지 않아서 그래. 갯벌이 있는 바닷가 마을에서 평생을 살아온 할아버지 할머니 들도 가재붙이가 어떻게 생겼는지 잘 모르는 경우가 많아. 가재붙이는 자기 집인 서식굴에서 먹고 자고 쉬니까 굳이 바깥으로 나올 필요가 없는 거지. 평생 자기 집을 넓히면서 사는 셈이야. 흰이빨참갯지렁이도 갯벌 속에서만 살아서 잘 알려지지 않은 저서생물이야. 흰이빨참갯지렁이는 갯벌 속에 아주 크고 복잡한 서식굴을 지으며 살아. 우리가 갯벌에 가더라도 그 모습을 보기는 힘들지만, 집 입구는 쉽게 발견할 수 있어. 서식굴로 들어가는 구멍 말이야. 구멍을 파고 들어가 흰이빨참갯지렁이를 잡아당겼더니 그 길이가 무려 2미터 가까이나 되더래. 바로 세운다면 사람 키보다 훨씬 큰 거지.

흰이빨참갯지렁이

저서생물이 생태계를 이롭게 하는 중요한 일을 한다고?

가재붙이와 흰이빨참갯지렁이를 비롯한 저서생물은 생태계를 이롭게 하는 숨은 일꾼이야. 서식굴을 만들면서 갯벌 깊숙한 곳까지 공기가 들어가게 하거든. 또 갯벌에 쌓인 퇴적물을 먹고 배설하는 먹이 활동을 통해 흙 속의 여러 영양분과 미생물들이 이리저리 섞이고 옮아가게 만들지. 갯벌은 육지에서 흘러온 물질을 깨끗이 만들어 바다로 보내는 역할을 해. 자연 환경을 천연 그대로 깨끗하게 만들어 주는 정화 작용을 하는 데 저서생물이 큰 몫을 해내지.

➡ 퇴적물의 위치 이동　　➡ 물의 위치 이동

차라리 갯지렁이로 변신한다면 연구하기 쉬울 텐데

과학자들은 갯벌 아래 서식굴 모양을 어떻게 알아냈을까? 궁금하다고 일단 파 보는 건 도움이 안 돼. 부드러운 개흙이 무너져 내리면서 굴이 망가질 테니까. 그렇다고 직접 들어가 볼 수도 없어. 사람이 지렁이만큼 작아질 수는 없으니까. 그래서 저서생물을 연구하는 과학자는 특수한 재료를 써서 서식굴 모양을 본떠. 처음엔 미끌미끌 끈적끈적하지만 서서히 딱딱하게 굳는 재료를 굴 입구에 조심스레 붓는 거지. 그러면 서식굴 모형을 본뜰 수 있어. 이렇게 갯벌 현장에서 직접 조사한 자료는 컴퓨터와 인공 지능을 활용해서 더 자세히 연구해. 3D 기술을 이용해 서식굴 모형을 만들고 연구하는 거야. 모은 자료를 컴퓨터로 스캔해서 입체적인 모형을 만들기도 해. 어떤 과학자가 "저서생물이 사는 갯벌은 심해만큼이나 인간에게 제대로 알려지지 않은 세계"라고 말했어. 심해만큼 비밀을 간직한 곳이라니, 멋지지 않니? 지구를 깨끗하게 지켜 주는 필터, 지구의 콩팥이라는 별명을 지닌 갯벌은 알면 알수록 더 소중하고 귀해.

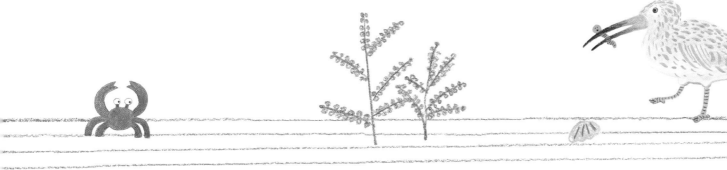

지은이 안미란

1996년에 처음 쓴 동화 〈바다로 간 게〉는 서해안 작은 섬 이야기예요. 갯벌 간척 사업으로 지금은 사라진 그 섬을 기억하며 이 책을 썼어요.

2024 IBBY(세계아동청소년도서협의회) 아너리스트 한국 후보에 선정되었고, 그동안 바닷가 도시 부산에 살며 많은 동화를 썼어요.

지은 책으로 《그냥 씨의 동물 직업 상담소》, 《씨앗을 지키는 사람들》, 《독도 바닷속으로 와 볼래?》 등 여러 권이 있어요.

그린이 국지승

모자를 쓰고 장화를 신고 아이들과 함께 갯벌에 가 보려고 합니다. 저도 가재붙이 집을 찾을 수 있을까요? 쓰고 그린 책으로는 《돌랑돌랑 여름》, 《아빠와 호랑이 버스》, 《바로의 여행》, 《엄마 셋 도시락 셋》, 《아빠 셋 꽃다발 셋》 등이 있어요.

연구한 이 구본주

부산대학교 해양과학과에서 공부하고, 서울대학교 해양학과에서 석사 및 박사 학위를 받았습니다.

현재는 한국해양과학기술원의 책임연구원이자 국가연구소대학교(구 과학기술연합대학원대학교) 해양학과에서 교수로 재직 중입니다.

25년간 갯벌 생물의 생태를 연구했으며, 지은 책으로 《갯벌 생물의 집, 서식굴》, 《시화호 생태계》, 《갯벌, 인공지능과 드론으로 연구하다》 등이 있어요.